ESSENER SPEZIALFÜHRER 5

Zeche Zollverein

NOBEL

Impressum

Herausgeber:
Norbert Beleke

Konzeption:
Hans Kania, Günter Streich

Text:
Günter Streich

Lektorat und Projektleitung:
Thomas Sliepen, Astrid Schröer

Bildnachweis siehe Seite 64

Gesamtherstellung:
Verlagsgruppe Beleke

– Verlagsgruppe Beleke –
ISBN- 3-922785-35-2

Inhaltsverzeichnis

Zollverein XII
Zechen-Kultur

Zollverein – das ist inzwischen ein fester Begriff für Industrie-Architektur der besonderen Art und für den gelungenen Versuch, eine stillgelegte Kohlenzeche sinnvoll neu zu nutzen, ohne dabei deren bauliche Eigenart zu verändern.

Zollverein – das ist auf den ersten Blick das markante Doppelfördergerüst Schacht XII an der Gelsenkirchener Straße im Essener Norden. Es ist der Mittelpunkt des Baukonzepts der Architekten Fritz Schupp und Martin Kremmer aus den 30er Jahren unseres Jahrhunderts: Zollverein verkörperte ein neues Industriebewußtsein. Das für Jahrzehnte größte, modernste, leistungsfähigste Bergwerk Europas – das auch zum schönsten erkoren wurde – setzte Maßstäbe. Maßstäbe setzt auch die nach der Stillegung des Bergwerks (Dezember 1986) gegründete „Bauhütte Zeche Zollverein Schacht XII“ mit der Umwandlung des Gebäude-Ensembles vom Pütt zum internationalen Treffpunkt.

Geschichte erhalten, sie in neue Aufgaben einbinden: Die Bauhütte beweist, daß das möglich ist. Die Vorzeigezeche von damals ist zum kulturellen Zentrum in dem von Bergarbeiter-Siedlungen dominierten Norden der Stadt Essen geworden. Zollverein XII schickt sich aber auch gerade an, ein europäisches Kultur- und Begegnungszentrum zu werden.

So ist der Sinn des Deutschen Zollvereins – 1843 zur Überwindung der

Blick vom Kesselhaus Richtung Süden: Kubische Baukörper und das Doppelbock-Fördergerüst prägen das Gesamtbild.

Grenzen gegründet – in der neuen Nutzung des nach ihm benannten Bergwerks auf besondere Art wiederbelebt worden: Ein Bergwerk mutiert zum europäischen Kulturerbe und ist Treffpunkt von Menschen vieler Sprachen. Karl Ganser, Leiter der „Internationalen Bauausstellung Emscher Park“ (IBA), in die auch Zollverein XII eingebunden ist, nennt das Bergwerk den „Eiffelturm des Ruhrgebiets“. Ihn kennenzulernen, ist mehr als nur einen Besuch wert.

Architektur als Symbol – Das aus vollwandigen Blechen genietete Fördergerüst von Zollverein wurde zum Wahrzeichen einer ganzen Region.

Die Geschichte

Im Jahr 1845 hatte das Bergamt Grubenfelder im Bereich der späteren Zeche Zollverein verliehen (Mutung), und die Inhaber der Berechtsame (Nutzungsrecht an Grubenfeldern, Bergwerkseigentum) fanden reiche Kohlevorkommen in verschiedenen Flözen. Essener Bürger, Kaufleute vor allem, schlossen sich zu einer Bohrgesellschaft zusammen und behielten zunächst ihre Rechte an den Mutungen. Anfang 1847 wurden die insgesamt 13 Mutungen unter dem Namen „Zollverein" konsolidiert, also zusammengelegt. Der Deutsche Zollverein, gegründet zur Überwindung vor allem der innerdeutschen Kleinstaaten-Grenzen, die die industrielle und wirtschaftliche Entwicklung stark behinderten, war zum Symbol für Einigkeit und Stärke auch gegenüber den Nachbarstaaten geworden. Da der Zollverein 13 Mitglieder hatte und das geplante Bergwerk in Katernberg durch die Zusammenfassung von 13 Einzelmutungen verwirklicht werden sollte, lag die Namensgebung nahe: Zollverein. So hatte bereits eine der Mutungen geheißen.

Treibende Kraft bei der Bohrgesellschaft war kein Essener, sondern der Kaufmann Franz Haniel aus Ruhrort. Nach und nach kaufte er den Essenern deren Anteile an den Mutungen für sich und seine Kinder ab. Am 15. September 1847 gehörte das Zollvereinfeld komplett den Haniels. Es blieb bis 1920 im Familienbesitz.

Schon als 20jähriger hatte Haniel ein Speditions- und Kohlengeschäft

Diese frühe Luftaufnahme von 1932 zeigt deutlich die symmetrische und axiale Anordnung der Gebäudekuben.

gegründet. 1805 kaufte er die Eisenwerke, aus denen die Hüttengewerkschaft Jacobi, Haniel und Huyssen hervorging – die spätere Gutehoffnungshütte Oberhausen. Haniel gründete die Ruhrorter Dampf-Schleppschiffahrt für seinen Kohlenhandel (der 1854 über 4 Millionen Zentner Kohle absetzte), versuchte sich auf der Zeche Kronprinz in Essen-Borbeck erstmals im Steinkohlenbergbau und sah jetzt im Kokskohlenfeld Zollverein die große Chance: Die allmählich aufstrebende Eisenindustrie würde Kohle und vor allem Koks in großen Mengen brauchen.

Verheiratet war Franz Haniel mit Friederike Huyssen, einer Schwester von Heinrich Arnold Huyssen, Essener Bürgermeister von 1813 bis 1818, Stifter des nach ihm benannten Krankenhauses in Essen und des evangelischen Waisenhauses am Hofterberg in Steele, Schützenoberst auf Lebenszeit. Huyssen hatte 1808 von der Witwe Helene Amalie Krupp die Hütte Gute Hoffnung in Sterkrade erworben und war Mitbesitzer an der Zeche Sälzer-Neuack in Essen. Die beiden Industriellen Haniel und Huyssen waren also nicht nur durch gleiche Interessen miteinander verbunden, sondern auch durch Familienbande.

Der Ruhrorter Haniel konnte Zollverein in Essen als Gesamtpaket erhandeln. Bergamt und Behörden stimmten zu, ebenso die anderen Mitglieder der Bohrgesellschaft, die ihre Anteile an die Familie Haniel verkauften. Und auch die Grundbesitzer sagten Ja. Von den 128 Kuxen (Beteiligungsscheine an einer bergrechtlichen Gesellschaft) hielt Franz Haniel 64, je 8 gehörten den Familienmitgliedern Hugo, Max, Julius, Louis, Friedrich Wilhelm, Richard, Theobald und Thusnelda Haniel. Franz Haniel blieb von 1847 bis zum 22. Mai 1851 Repräsentant (Lehnsträger) der konsolidierten Mutungen Zollverein, dann übergab er die Verantwortung seinem Sohn Hugo.

Das Bergamt hatte schon 1847 Haniels Vorschlag zugestimmt, nur einen Schacht abzuteufen, der zugleich Förderschacht sein sollte. Bedingung: Innerhalb eines Jahres müssen die Arbeiten beginnen und sie dürfen bis zur Fertigstellung nicht unterbrochen werden. Eine solche Ausnahmegenehmigung gab es nicht alle Tage: Normalerweise war für jede Mutung vom Endpunkt des Bohrschachtes aus ein Schurfschacht vorgeschrieben, von dem aus die Bauwürdigkeit des Bohrfundes nachzuweisen war. Franz Haniel aber machte dem Bergamt die Wirtschaftlichkeitsrechnung auf: Nur ein Schacht für das gesamte Zollvereinfeld sei sinnvoller – und der sollte in seinen Maßen so ausgelegt sein, daß er später gleich als Förder- und Wetterschacht genutzt werden könnte. Natürlich war ein zweiter Schacht nicht auszuschließen: Um die Bewetterung der Grubenbaue zu ermöglichen, sind stets zwei Schächte erforderlich, einer für die „einziehenden“ frischen Wetter (Frischluft), einer für die „ausziehenden“ verbrauchten Wetter, die mit Lüftern abgesaugt werden. Diese Technik ist auch heute noch im Bergbau Alltag. Haniel schlug vor, die Fundpunkte der Probebohrungen unterirdisch von dem einen Schacht aus aufzudecken.

Das Preußische Berggesetz vom 24. Juli 1865 brachte auch für Zollverein Änderungen mit sich. Die sechs Geschwister Haniel – Patriarch Franz Haniel starb am 24. April 1868 im Alter von 89 Jahren – gaben der Gewerkschaft Zollverein ein Statut und setzten einen Grubenvorstand von drei Mitgliedern als Bergwerksleitung (anstelle des bisherigen Lehnsträgers) ein; später bestand der Grubenvorstand aus fünf Personen.

Erst im Mai 1911 erfuhr die Satzung der Gewerkschaft Zollverein geringfügige Änderungen. So wurde bestimmt, daß die Gewerkenversammlung alljährlich im Mai stattzufinden hätte, in Ruhrort „oder einem anderen Orte des Regierungsbezirks Düsseldorf". Seit 1868 – damals wurden aus den ursprünglich 128 Kuxen 1000 – hat sich die Beteiligung an der Gewerkschaft Zollverein mehrfach geändert. Durch Vererbung und Verschwägerung waren die Kuxe aus dem Besitz der acht Haniels in den Besitz vieler Personen der verschiedensten Namen in ganz Deutschland übergegangen. Alle aber waren auf irgendeinem Weg mit dem Gründer der Zeche, dem Kaufmann Franz Haniel, verwandt.

Der Bergwerksbetrieb

Einen halben Kilometer westlich vom Dorf Katernberg, 300 Meter südlich der gerade fertiggestellten Köln-Mindener Eisenbahn (sie eröffnete am 15. Mai 1847 den Betrieb zwischen Duisburg und Hamm), brachte Franz Haniel den Zoll-

Der Eingang diente auch der Repräsentation. Bergleute hatten hier keinen Zutritt, sie fuhren auf Schacht 1/2 ein. Aufnahme von 1932.

Schacht 1/2. Im Vordergrund Skulpturen des Bildhauers Ulrich Rückriem.

Blick von Süd nach Nord auf das Schachtgebäude mit Wagenumlauf.

vereinschacht ab 1847 nieder. Er sollte in die Stoppenberger Mulde eintauchen, in ein Kohlengebiet, das durch Zeche Victoria Mathias (am nördlichen Essener Innenstadtrand) und durch die Zechen bei (Essen-) Altendorf bereits nachgewiesen war. Haniel kaufte von der Zeche Kronprinz eine 10-PS-Dampfmaschine für die Bergeförderung (taubes Gestein) und Wasserhaltung und ließ zwei Dampfkessel und ein Zechenhaus mit Malakowturm aufbauen. Die Abteufarbeiten für den Schacht begannen in der zweiten Jahreshälfte 1847.

Revolution und die damit verbundene wirtschaftlich unsichere Lage verzögerten den Schachtbau. Im November 1849 erreichte man in 114 Metern Teufe das Steinkohlengebirge – allerdings nicht, wie erhofft, in der Stoppenberger Mulde, sondern im Leybänker Sattel der Gelsenkirchener Mulde. Man entschloß sich, sofort einen zweiten Schacht (für die Wasserhaltung) neben diesem ersten, der ausschließlich der Förderung dienen sollte, niederzubringen.

1851 beginnt die Förderung in Schacht 1. Die 256 Bergleute von Zollverein bringen 13.152 Tonnen Kohle im Jahr ans Tageslicht. Und dann folgt die Erweiterung der Anlagen fast Jahr um Jahr. 1853 bis 1858 werden auch die zur Zollverein-Berechtsame gehörenden Einzelfelder an das Unternehmen verliehen. 1857 beginnt der Bau der Kokerei (die 1993 stillgelegt wurde); sie wird immer wieder erweitert. 1874: Die erste Kohlenwäsche; in ihr werden auf mechanischem Weg Kohle und Berge getrennt.

1883 beginnt die Förderung auf Schacht 3. Zollverein zählt jetzt 1418 Bergleute. 1866 bis 1887: Erneuerung und Erweiterung der Tagesanlagen. 1890 überschreitet die Förderung erstmals 1 Million Tonnen im Jahr; 2488 Bergleute bringen gemeinsam diese Leistung. Drei Jahre später fördert auch Schacht 4 und die Mitarbeiterzahl steigt auf 2906. Die Folgejahre erleben das Abteufen der Schächte 5 bis 10 (1894 bis 1911), die Erweiterung der bestehenden und den Aufbau einer zweiten Kokerei (bei Schacht 4/5). 1914 sind die alten Koksöfen durch

Niederdruckkompressoren in der Kompressorenhalle neben dem Kesselhaus.

60 Koppersöfen ersetzt, und eine Anlage mit 120 Öfen entsteht auf Zollverein 3/7/10. Im Jahr 1922 folgt die Teufe von Schacht 11.

Um die Jahrhundertwende arbeiten auf den sich mächtig ausbreitenden Zollverein-Anlagen 5355 Bergleute. Sie wohnen in den drei Zechenkolonien Hegemannshof, Ottekampshof, Beisen. Zum Bergwerk gehören inzwischen umfangreiche Ländereien; der Hausbesitz wird später von eigens gegründeten Gesellschaften verwaltet. Im Jahr 1900 ist Zollverein mit einer Jahresförderung von 1,7 Millionen Tonnen bereits eines der größten Bergwerke im Ruhrgebiet.

1920 entsteht die Interessengemeinschaft zwischen der Gewerkschaft Zollverein und der Borbecker Phönix AG für Bergbau und Hüttenbetrieb; Zollverein wird zur Hüttenzeche im Stahlkonzern. Sechs Jahre später: Gründung der Vereinigten Stahlwerke AG durch Zusammenschluß von Thyssen, Rheinelbe-Union, Phönix AG und Zollverein. Der zweitgrößte Stahlkonzern der Welt ist geboren. Wichtigstes Ziel: Rationalisierung zur Kostensenkung, um auf dem schwieriger werdenden internationalen Stahlmarkt mitbieten zu können.

Im gleichen Jahr, 1926, beginnt die Stillegung der Kokerei Zollverein 4/5 in Katernberg; sie zieht sich bis 1928 hin. Und in diesem Jahr wird der Grundstein gelegt für die Errichtung der Tagesanlagen von Zollverein Schacht 12 (in heutiger Schreibweise „Zollverein XII“). Ein Jahr später beginnen die Abteufarbeiten für den Schacht, der alle anderen Förderschächte über dem erschlossenen Grubenfeld überflüssig machen soll. Das Schlagwort wiederum: Rationalisierung. Die nachfolgende Weltwirtschaftskrise machte diese dann noch dringlicher.

Rund 25 Millionen Mark kostet Zollverein die Rationalisierung – und 500 Bergleute kostet sie den Arbeitsplatz. Diesen Widerspruch zwischen wirtschaftlich begründeter Großtat und Arbeitslosen-Armut der Bergleute forderte nach der ersten Bewunderung für das „größte und schönste Bergwerk der Welt“ auch den Spott der Zeitgenossen heraus, die den Rationalisierungseffekt angesichts der Entlassungen nicht nachzuempfinden vermochten: Man gebe 25 Millionen Mark aus, um zu sparen ...

Der deutsche Steinkohlenbergbau (und nicht nur der, wie die Gegenwart an der Jahrtausendwende lehrt) hat diesen Widerspruch zwischen Rationalisierung und dauerhafter Arbeitsplatzvernichtung bis heute nicht auflösen können. Zechen, in der Gewinnung zu 100 Prozent mechanisiert und automatisiert, brauchen immer weniger Kumpels für die Kohlengewinnung – und sterben dennoch. Die Gewinnung heimischer Steinkohle will einfach nicht preiswerter werden.

Schacht 12

Innovationskraft gerade im Bergbau führt immer wieder zu technischen Höchstleistungen. Das gilt auch heute noch: Während über wirtschaftliche Vorteile einer Magnetschwebebahn immer noch diskutiert wird, ist sie unter Tage längst im Einsatz. Im deutschen Steinkohlenbergbau wurden Abbau- und Sicherheitstechniken erdacht und erprobt, die der Zulieferindustrie weltweit Aufträge sichern. Verkokungs- und andere Veredelungstechniken sind an der Ruhr erforscht und weiterentwickelt worden. Und bereits 1882 fuhr unter Tage die erste elektrische Grubenlokomotive von Siemens.

Den Sprung vom Stollenbau in die Tiefe der Steinkohlengebirge, die Wasserhaltung und das Durchstoßen der Mergelschicht ermöglichte erst die Dampfmaschine. Um 1830 machte der erste senkrecht geteufte Schacht auf die technische Revolution im Ruhr-

Zwischen den Ausstellungshallen 5 und 6 führt der Weg vom Kesselhaus zum Ehrenhof.

revier aufmerksam. Bis dahin gewann man Kohle aus den waagerecht zutage tretenden erdoberflächennahen Flözen im Ruhrtal oder aus leicht einfallenden Stollen von geringer Tiefe. Nun aber machte die Technik die Gewinnung in den tiefer liegenden ergiebigen Flözen möglich.

Die Jahrzehnte nach 1830 sind durch immer rasantere Technik-Fortschritte des Bergbaus in der geologisch besonders schwierigen Lagerstätte Ruhr gekennzeichnet, die aber beinahe zur Alltäglichkeit gerieten. Wenn dennoch die Fachwelt 1932 aufhorchte, mußte da wohl was ganz besonders Bahnbrechendes geschehen sein.

Und das war es. Am 1. Februar 1932 nahm das Bergwerk Zollverein seinen Schacht 12 in Betrieb. Tagesförderung: 12 000 Tonnen verwertbare Kohle! Das bedeutete mehr als eine Verdoppelung der Bestleistung und eine Vervierfachung der Durchschnittsleistung eines Förderschachts im Revier.

Die Fachwelt pilgerte nach Essen-Katernberg. Sie sah einen Industriekomplex, der nach allen Regeln der Rationalisierung und Konzentration ganz auf das Wesentliche angelegt war: Energieverteiler für das gesamte Bergwerk mit all seinen Schachtanlagen, Förderung und Aufbereitung aller auf Zollverein gewonnener Kohle, die (fast) vollautomatisch gehoben wurde. Nahezu alle 60 Sekunden brachte ein Förderkorb die schwarzen Diamanten ans Tageslicht.

Leistungsfähigkeit und Zuverlässigkeit der Technik rechtfertigten, so hieß es, die gewaltigen Investitionen. Die fast 25 Millionen Reichsmark stammten zum größten Teil aus Krediten amerikanischer Banken. Ihnen galt der 1926 entstandene Schwerindustrie-Konzern „Vereinigte Stahlwerke AG“ als besonders kreditwürdig.

Generaldirektor Albert Vögler, der spätere Namensgeber des Zollverein-Schachtes 12, setzte konsequent die Rationalisierung aller Konzernbetriebe durch. Wie wir das aus unseren modernen Zeiten der „schlanken Betriebe“, der wegrationalisierten Arbeitsplätze auf der Basis der plötzlich losgetretenen Diskussion um den „Standort Deutschland“ heute kennen, so wurde auch damals argumentiert: Es gelte, in Zeiten der Weltwirtschaftskrise Arbeitsplätze (gerade im Bergbau) zu sichern. Dieses Argument ist uns ja heute auch nicht fremd: Viele Arbeitsplätze aufgeben, um einige erhalten zu können!

Die Maschinen

Mit Inbetriebnahme von Schacht 12 am 1. Februar 1932 wurden Förderung, Aufbereitung und Energieversorgung Zollvereins hier konzentriert. Die Anlage lief beinahe automatisch, alles bewegte sich wie von Geisterhand gesteuert. Maschinen hatten die Arbeit der Menschen übernommen: Erfolg der angestrebten Rationalisierung. Die Architekten Fritz Schupp und Martin Kremmer formulierten das Ziel ihrer Arbeit an diesem durchgeplanten Bergwerk drastisch: „Der Zweck, rücksichtslos anerkannt und erfaßt, sinngemäß durch-

Zollverein

gebildet, führt damit zur Architektur, die ihre eigenen Gesetze hat." Hand in Hand mit den Ingenieuren setzten die Architekten nach dieser Maxime Maßstäbe für die nachfolgende Industriearchitektur. In Essen-Katernberg entstand eine technisch wie architektonisch durchkomponierte Anlage, die fördertäglich 12 000 t verwertbare Kokskohle zu einem wertvollen Endprodukt umwandelte. Diese Kokskohle bestimmte Qualität, Leistung und Kosten der Kokereien, Hochöfen und Hüttenwerke der Vereinigten Stahlwerke AG.

Einige Begriffserläuterungen erleichtern das Verständnis der Abläufe und der ja zum größten Teil noch sichtbaren Maschineneinrichtungen.

Aufbereitung. Mit der Kohle wurde und wird unvermeidlich auch Gestein gefördert, da die Flöze (kohleführende Schichten) zumeist mit Gestein durchsetzt sind. Dieses Gestein heißt in der Bergmannssprache „Berge". Aufbereitungsmaschinen sortieren die Berge aus; seit den 20er Jahren sind ähnliche Systeme auf allen Ruhrgebietszechen im Einsatz. Sie erledigen den ersten Teil der Aufbereitung der Kohle.

Sieberei. Die Förderwagen mit Kohle und Bergen entleerten sich über Tage automatisch auf Rollensiebe. Was weniger als 80 mm maß („Körnung"), fiel auf Förderbänder, die zur Wäsche liefen. Die größeren Brocken landeten auf Lesebändern: Arbeitsplatz für sehr junge und alte Bergleute, die hier von Hand Berge und reine Kohle aussortierten.

Kunst statt Kohle: Das ehemalige Wekstattgebäude (Bildmitte) ist heute Sitz der „Ausstellungsgesellschaft für zeitgenössische Kunst Zollverein GmbH".

Abnehmer der größeren Kohlestücke war die Reichsbahn. Miteinander verwachsene Berge und Kohle wurden zunächst in Brechern zerkleinert.

Kohlenwäsche. Hier standen die Setzmaschinen, in denen sich Kohle und Berge voneinander trennten, abgesetzt wurden: Ähnlich wie eine Goldwäscherschüssel trennt bewegtes Wasser Kohle und Berge dank deren unterschiedlichem spezifischen Gewicht. Exakte Kontrolle und automatische Steuerung dieser naßmechanischen Sortierung von Korngemischen aus Rohstoffen unterschiedlicher Dichte (wie es Bergbaulexika formulieren) bestimmen die Qualität des Produkts Kohle.

Kesselhaus. Auf Zollverein 12 schon 1930 betriebsbereit. Kesselhaus und Kompressoren decken den Eigenbedarf an Dampf und Preßluft für das Bergwerk, liefern Niederdruckluft für die Preßlufthämmer der Bergleute vor Ort, Hochdruckluft für den Antrieb der Grubenlokomotiven. Kessel und die vom Dampf der Kessel angetriebenen Kompressoren waren damals die größten im Ruhrgebiet: Einer der vier Dampfkessel ersetzte die Leistung von 17 bis dahin im Bergbau üblichen Flammrohrkessel.

Energieverbund. Zollverein wurde mit der Inbetriebnahme der Schachtanlage 12 eine „kalte“ Zeche, die ihren Strom nicht selbst erzeugte, sondern ihn von der Rheinisch-Westfälische Elektrizitätswerk AG bezog. Vom Schalthaus aus wurde die elektrische Energie auf die über und unter Tage erforderlichen unterschiedlichen Spannungen transformiert, bis in die entlegendsten Winkel aller Zollverein-Schachtanlagen verteilt. Auch dieser Energieverbund diente der Rationalisierung und der konsequenten Arbeitsteilung, der sich die Vereinigte Stahlwerke AG verschrieben hatte.

Die Architektur

An den Planungen für Schacht 12 waren von Beginn an die Architekten Fritz Schupp und Martin Kremmer beteiligt – und sie schufen gemeinsam mit den Ingenieuren ein später als „Wunderwerk“ bezeichnetes Gebäude-Ensemble, das Symbol einer neuen Ära von Industriebauten. Fritz Schupp (1896–1974) und Martin Kremmer (1894–1945) gründeten 1922 eine Sozietät mit Büros in Essen und Berlin. Beide widmeten sich vornehmlich dem Industriebau, den sie mit ihren Ideen nachhaltig prägten.

Fritz Schupp formulierte das Ziel seiner Industriearchitektur 1929 so: „Wir müssen erkennen, daß die Industrie mit ihren gewaltigen Bauten nicht mehr ein störendes Glied in unserem Stadtbild und in der Landschaft ist, sondern ein Symbol der Arbeit, ein Denkmal der Stadt, das jeder Bürger mit wenigstens ebenso großem Stolz dem Fremden zeigen soll, wie seine öffentlichen Gebäude.“

Gemeinsam mit Martin Kremmer arbeitete Fritz Schupp gerade an der Verwirklichung dieser Idee: Sie planten die Zentralschachtanlage für das Bergwerk Zollverein in Essen-Katernberg.
Im Jahr 1932 sollte dieses modernste Steinkohlenbergwerk der Welt die Förderung aufnehmen.

Der Kaufmannssohn Fritz Schupp hatte das renommierte Burggymnasium Essen besucht und in Karlsruhe, München und Stuttgart Architektur studiert. 1918 legte er das Examen als Dipl.-Ing. ab und arbeitete ab 1921 als freier Architekt in Essen. Neben Zollverein 12 tragen unter anderem das Kraftwerk Horst und die Kokerei Nordstern seine Handschrift. Der Universitäts-Honorarprofessor wurde 1955 mit dem Großen Staatspreis Nordrhein-Westfalen ausgezeichnet, er erhielt 1968 den Kulturpreis der Stadt Goslar, die Kamarsch-Plakette der Hannoverschen Hochschulgemeinschft und (1964) das Große Bundesverdienstkreuz. Schupp, auf dem Friedhof Bredeney begraben, war Schwiegersohn von Paul Brandi, um die Jahrhundertwende Erster Beigeordneter der Stadt Essen und später Vorsitzender des Vereins für die bergbaulichen Interessen im Oberbergamtsbezirk Dortmund, Sitz Friedrichstraße Essen.

Ingenieur und Architekt, so hatten Schupp und Kremmer erkannt, müssen gemeinsam ans Werk gehen, wenn die Industriearchitektur nicht nur zweckmäßig, sondern auch ansehnlich sein soll. Form und Funktion, Gebäude und Maschine – das mußte eine Einheit sein. Stahl war ihr wichtigstes Material, als sie ihre Vision einer „gestalteten“ Industrie beim Bergwerk Zollverein 12 umsetzten.

Die kubischen Gebäude des Bergwerks ordneten die Architekten in zwei Achsen an, die im Eingangsbereich den repräsentativen Ehrenhof bil-

Der 106 m hohe Kamin setzte den optischen Schlußpunkt der Süd-Nord-Achse (Energieachse); er wurde Anfang der 80er Jahre abgebrochen.

den. Die kubische Form entstand, weil sie die Fassaden über Dachhöhe hinaus bauten. Stählerne Portalrahmen bildeten das feste Gerüst im Inneren. Aus dünnen Stahlprofilen, deren Fachwerk mit Klinkersteinen und Fenstern ausgemauert und aufgelockert ist, bestehen die Fassaden – sie sind nicht mehr als eine Außenhaut.

Einige Bauelemente wurden vorgefertigt und an Ort und Stelle nur noch eingebaut. Im Innern dieser nach der Bauhaus-Architektur konzipierten Gebäudekuben wurde Sicherheit besonders groß geschrieben – die Sicherheit und stetige Verfügbarkeit der maschinellen Einrichtungen: Nahezu jede ist doppelt vorhanden. Verschleißteile zum Beispiel in der Wäsche konnten im Handumdrehen ausgewechselt werden, zum Teil durch vorgefertigte Ersatzstücke. Noch heute steht neben den längst stillgesetzten Siebtrommeln der Aufbereitung ein Ersatzmotor ...

Der Sicherheit des Menschen brauchte kein besonderes Augenmerk geschenkt zu werden: Zollverein 12 als reine Produktenförderanlage war beinahe ein „Geisterpütt". Die Bergleute fuhren von den rings um den Zentralschacht liegenden Zollvereinschächten zu ihren untertägigen Arbeitsplätzen an.

Die Gebäude sind so miteinander verschachtelt, daß Form und Funktion, Nutzen und Gestaltung optimal miteinander verschmelzen. Und das kommt der heutigen Nutzung der ehemaligen Vorzeigezeche zugute. Das „Musterstück" der Industriearchitektur, eine architektonische und planerische Meisterleistung, galt länger als dreißig

Die Fördermaschine Nord, in der noch immer Wasserhaltung betrieben wird.

Bandbrücken, wie diese zum Bergebunker, dienten nicht nur dem technischen, sondern auch dem optischen Verbund.

Jahre als „das" Baukastensystem für große Industriebauten im Ruhrgebiet.

Die Tagesanlagen Zollverein 12 waren technisch so perfekt, daß in den folgenden Betriebsjahren – außer der Umstellung von Wagen-(Gestell-) auf Gefäß-(Skip-)förderung und kleineren Verbesserungen in der Aufbereitung – nichts technisch verändert werden mußte. In den beiden nebeneinanderliegenden Schächten, vom Doppelbockfördergerüst gekrönt, wurde die Kohle ans Tageslicht gehoben.

1957 lösten in der nördlichen, 1967 in der südlichen Förderung die Skipgefäße die Förderwagen ab. Zollverein hatte die 13. Sohle erreicht. Dort fuhren Großraumwagen die Kohle von den Gewinnungsörtern zum Schacht, dann ging es in den zwei Skipgefäßen nach oben zur Aufbereitung. 1974 wurde Schacht 12 tiefergeteuft, auf 1000 Meter zur 14. Sohle. Von ihr aus transportierten Bänder die Kohle zum Schacht.

Das neue Fördersystem ermöglichte auch weiterhin eine Tagesförderung von 12 000 Tonnen verwertbarer Kohle. Jetzt allerdings mußte dafür die doppelte Tonnage ans Tageslicht gehoben werden: Die Vollmechanisierung in der Gewinnung ließ das Verhältnis Kohle – Gestein auf 1:1 anwachsen. Es wurde also (fast) so viel Gestein mitgeschnitten und mitgefördert wie Kohle.

Nach dem Verbund von Zollverein mit Holland (1974) und Nordstern (1983) in Gelsenkirchen wurde die Gesamtförderung auf Zollverein 12 gehoben. Bis zum 23. Dezember 1986, dem Tag

Eine Installation von Ulrich Rückriem in der Ausstellungshalle, früher Zentalwerkstatt.

der Stillegung von Zollverein, der letzten Zeche der einst größten Zechenstadt des Kontinents.

Anders allerdings als bei fast allen anderen Ruhrkohle-Bergwerken, die dem Zwang zur Rationalisierung und dem Preisdiktat der billigen Import- und Konkurrenz-Energien zum Opfer fielen und fallen, war das Ende von Zollverein bereits bei der Planung vorausdatiert. Etwa 50 Jahre Lebensdauer hatte man dem Bergwerk vorhergesagt, berechnet nach den damals wirtschaftlich gewinnbaren Kohlevorräten. Auch heute noch ist dies die Maßzahl zur Berechnung der Vorräte in den Lagerstätten: Mit aktueller Technik wirtschaftlich gewinnbar. Der Verbund mit Holland und Nordstern sicherte Zollverein 54 Förderjahre. Beim Vordringen in noch größere Teufen hätte man stark verworfene Flöze erreicht, die den Einsatz der gewaltigen Gewinnungsmaschinen nicht erlauben.

12 200 Millionen Tonnen der „Schwarzen Diamanten“ waren auf Zollverein in diesen 54 Jahren zu Tage gehoben worden. Die Stillegung des Großbergwerks hatte man 15 Jahre lang vorausgeplant. Und nun hält der Denkmalschutz seine bewahrende Hand über dem zum kulturellen Treffpunkt umfunktionierten bautechnisch bahnbrechenden Gebäude-Ensemble. Über allem thront das nach wie vor stolze Wahrzeichen von Zollverein XII: Das 55 Meter hohe Doppelfördergerüst, ein Bockgerüst in Vollblechkonstruktion.

7700 Tonnen Stahl wurden als Skelett in die kubischen Baukörper der Schachtanlage gesteckt, 2000 Tonnen davon in der eigenen Werkstatt vor Ort geschweißt. Nietenkonstruktionen waren zwar billiger, aber diesen Preisvorteil glich das niedrigere Gesamtgewicht des Stahls wieder aus: Ungefähr 15 Prozent gegenüber dem Nieten.

Alle Hallen sind ohne Zwischenstützen überspannt, besonders bei der Lesebandhalle mit ihrer Spannweite von 30 Metern eine imponierende technische Leistung. Verwendet wurde Flußstahl; bei den Teilen, die Witterung und Wasser ausgesetzt waren (Fördergerüst, Wäsche, Bergebunker, Förderbrücken) bauten Schupp und Kremmer korrosionsfesten Patinastahl ein, gekupferten Sonderstahl. Die Gebäudekuben ruhen auf Fundamenten aus Beton oder Eisenbeton – nur bei der Kohlenwäsche war Beton mit Mauerwerk zweckmäßiger, weil es schädigenden Grundwassersubstanzen besser standhält.

Geistiger Vater des heutigen Industriedenkmals war Friedrich Wilhelm Schulze Buxloh. Er übernahm 1920 als Vorstandsmitglied der Phönix AG die Führung aller Zechen dieser Gesellschaft. Die Vereinigten Stahlwerke AG ordneten ihren Zechenbesitz in der Gelsenkirchener Bergwerks AG neu. Vorstandsmitglied Schulze Buxloh leitete die Gruppe Gelsenkirchen. Seine hervorragende Leistung: Er faßte 18 Schachtanlagen zu größeren wirtschaftlichen Einheiten zusammen – besonders die Zollverein-schächte. Zur Zeit der wirtschaftlichen Depression (1926–1932) verwirklichte er seine Idee vom Zentralförderschacht Zollverein 12 unter Ausschaltung der vier vorhandenen, veralteten Zollverein-Anlagen. Albert Vögler, Vorstandsvorsitzender der Vereinigten Stahlwerke, erkannte das Weitblickende dieser Idee von Schulze Buxloh und ermöglichte ihre Umsetzung in die Tat – trotz Ablehnung anderer Führungskräfte des Ruhrbergbaus, die ein solches Projekt gerade in dieser Zeit nicht mittragen wollten.

Der Weg der Kohle

Er steht im Mittelpunkt: Der Zollverein-Zentralförderschacht 12. Das – auch im übertragenen Sinn – überragende Doppelbockfördergerüst schaffte in den 80er Jahren drei Millionen Tonnen Kohle in jedem Jahr zutage. Um dieses technische wie architektonische Meisterstück gruppieren

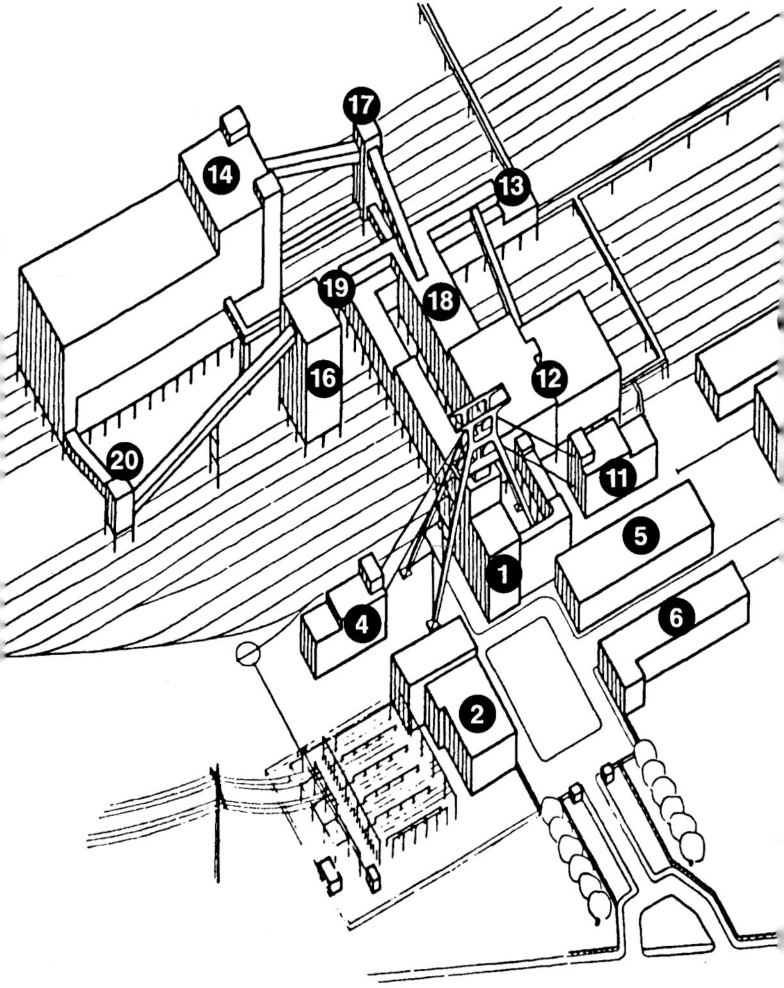

Lage und neue Nutzung der Gebäude auf Schacht XII.

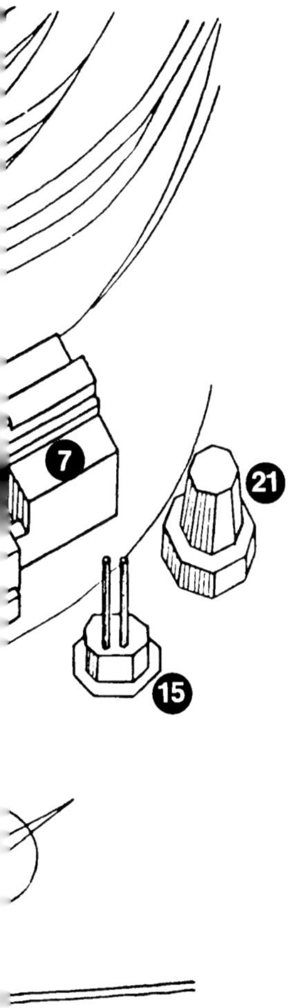

1 *Schachthalle:*
RAG Wasserhaltung
2 *Schalthaus:*
• *Zwei Veranstaltungssäle (Schalterhalle / Umformerhalle)*
• *Büros der Bauhütte Schacht XII GmbH*
• *Archiv Zollverein*
• *Werbebüro „Verb"*
4 *Fördermaschine Süd*
5 *Zentralwerkstatt:*
Ausstellungshalle
6 *Werkstattgebäude 2:*
Ausstellungsgesellschaft für zeitgenössische Kunst
7 *Kesselhaus*
„Design-Zentrum NRW"
8 *Hochdruckkompressor*
9 *Turbo-Kompressor:*
Veranstaltungshalle und Gastronomie
10 *Werkstatt Nord:*
Essener Arbeit und Beschäftigungsgesellschaft
11 *Fördermaschine Nord: RAG Wasserhaltung*
12 *Lesebandhalle:*
• *Bürgerbegegnungsstätte*
• *Probebühne der „Theater und Philharmonie GmbH Essen"*
• *vier Ateliers*
13 *Bergebunker: Museumspfad*
14 *Kohlenwäsche:*
in Planung:
• *Universität Essen Fachbereich 4 (Design / Kommunikation / Kunsterziehung)*
• *Museumspfad*
15 *Heizzentrale*
16 *Kokskohlenbunker:*
in Planung:
Universität Essen Fachbereich 4
17 *Turm zwischen den Brücken:*
Museumspfad
18 *Wagenumlauf: Museumspfad*
19 *Wagenumlauf: Museumspfad*
20 *Wagenumlauf: Museumspfad*
21 *Kühlturm: Folkwang Institut für Mediengestaltung*

sich die Tagesanlagen Zollverein, die sich bei einem (geführten) Rundgang in ihrer Funktion und Zuordnung leicht erschließen.

Beim Betreten des „Ehrenhofs", der Freifläche vor dem Fördergerüst, wird sofort die axiale Struktur und die Symmetrie der Gesamtanlage deutlich. In der Nord-Süd-Achse liegen Schalthaus und Kesselhaus, in der „Kohleachse" (West-Ost) Schacht, Wagenumlauf, Wipperhalle. Die die Horizontale betonenden Fensterbänder führten den Blick bis zum (nicht mehr vorhandenen) 106 m hohen Kamin des wohl markantesten Bauelements, des Kesselhauses; dieselbe Funktion übernahmen auch die Richtung Kesselhaus geringfügig erhöhten Laternen. Entsprechend der aufstrebenden Form der Schachthalle ordneten die Architekten die Fensterbänder hier vertikal an.

Auf dem Zeichenbrett wurde die Gesamtanlage von den Architekten und Bergingenieuren komplett „vorgedacht" und konsequent entwickelt: Funktionalistische Architektur aus einem Guß, anders also als die bis dahin je nach Bedarf mehr oder weniger zufällig gewachsenen Bergwerksanlagen.

Der Ehrenhof, der mit Grün gestaltete Eingang zur Förderanlage Zollverein 12, galt nur Repräsentationszwecken. Für die Bergleute gab es hier keinen Zugang zu ihren Arbeitsplätzen. Alle erforderlichen Sozialeinrichtungen waren auf Zollverein 1/2 untergebracht; dort war Seilfahrt, dort stand die Stempeluhr. Waschkauen gab es auch auf 12 – aber nur für Ehrengäste. Im

Werkstattgebäude II (heute Ausstellungsgesellschaft für zeitgenössische Kunst) waren diese „VIP-Kauen", bis ins kleinste durchdesignt.

Beim Bau von Zollverein 12 hatte man gar die Toilettenanlagen vergessen. Die Bedürfnisse der Menschen spielten eben keine Rolle beim schon zwanghaften Bestreben um Rationalisierung. Da aber selbst die das technische Ensemble bewundernden Ehrengäste nun mal gelegentlich ein gewisses Örtchen aufsuchen mußten, baute man es nachträglich als kleinen Kubus – damit's in die Gesamtkomposition paßte – neben der Fördermaschine Nord.

In der Wipperhalle offenbarte sich das „Wunderwerk der Rationalisierung" den hohen Besuchern besonders, und das ist auch heute noch nachzuvollziehen. Die vollen Förderwagen fuhren (fast) automatisch vom Schacht in vier Kopfwipper, eine Etage tiefer kopfüber zur anderen Seite, kamen leer in die Halle zurück. Bei Eröffnung der Wipperhalle nahmen die Honoratioren vor lauter Begeisterung und beinahe ehrfurchtsvoll ihre Zylinderhüte vom Kopf, als die Wagen „wie von Geisterhand" in die Wipper rollten.

Ganz so „geisterhaft" allerdings ging's nicht zu; auch die Supertechnik brauchte Menschen, an einigen Betriebspunkten gar mehr als bisher. So mußten die „Remmer" die Wagen mit der Kohle vor Einfahrt in die Kopfwipper mit einem Remmholz abbremsen und auch manch anderes Hilfspersonal stand eingriffsbereit parat. Nach Möglichkeit aber so, daß der „hohe Besuch" das nicht bemerkte. Kam Friedrich-Wilhelm Schulze

Die vollautomatische Wipperhalle: auch hier verbinden

Buxloh, dann hatten sich diese „überzähligen“ Helfer zu verbergen; zunächst jedenfalls. Später sah auch der Vorstand ein, daß Technik eben doch nicht ganz ohne Menschen betrieben werden kann.

In der Wipperhalle herrschte vor allem eins: Lärm. Die Wagen knallten, wenn sie sich zum Rücktransport nach

sich Funktionalität und Ästhetik.

unter Tage an der Hängebank vor dem Schacht ansammelten, so laut gegeneinander,daß selbst Trillerpfeifentöne nicht hörbar waren; verständigen konnten sich die Arbeiter in der Wipperhalle nur durch Zeichen.

Noch ein Blick auf die in der Wipperhalle besonders deutlich erkennbare Konstruktion der Gebäude–Portalrahmen mit

Die gestalterischen Form-Prinzipien der Architekten finden sich auch im Detail wieder: hier ein Treppengeländer im Schalthaus.

großer Stützweite – und dann geht's weiter zur Kohlenwäsche. Klar zu erkennen: Die den Gebäuden vorgehängte Ziegelverkleidung. Die Setzmaschinen in der Wäsche rüttelten das Gemisch aus Kohle und Gestein (den Bergen) und mit Hilfe dieser Bewegungen und des Wassers trennten sich die – unterschiedlich schweren – Steine und die Schwarzen Diamanten. Die Maschinen lassen nachempfinden, wie sie gearbeitet haben – und wie sehr sie diese bis dahin unangenehme Handarbeit rationalisierten. Früher mußten die Maschinisten, die Hand im Wasser, den Trennungszustand der Fördergüter überprüfen. Auf Zollverein machten das nun automatische Schwimmer in den Setzmaschinen.

Am deutlichsten und konsequentesten hatten Schupp und Kremmer ihre architektonische Vision im Kesselhaus umgesetzt und gestaltet. Die Nord-Süd-Achse verläuft zwischen den vier symmetrisch angeordneten Kesseln, gipfelte im Kamin, außen hinter den Fensterbänken erkennbar. Bis ins kleinste Detail hatten die Baumeister ihre Gestaltungsprinzipien eingehalten: Die Rundinstrumente an der Decke des Kesselhauses dienten vornehmlich der Betonung der Symmetrie; zum Ablesen waren sie so gut wie gar nicht geeignet. Einer dieser „Rundlinge" ist noch heute zu bestaunen. Im Kesselhaus, der „Kathedrale der Industriearchitektur", arbeiteten ein oder zwei Personen; ihnen war wenig genug Platz im sogenannten Schürerstand eingeräumt. Die Hauptarbeit verrichtete ohnehin Automatik: Die Kessel mit ihren Rollenrosten funktionierten ohne menschliches Zutun.

Und heute? Heute dient die Technik von gestern gerade dem Menschen – als gern angenommenes Ambiente für Kunst und Kultur, für Freizeit und Unterhaltung. So wirken die Ideen von Schupp und Kremmer auf ganz andere Art nach, als die Architekten sich das jemals hätten träumen lassen. Und auf der Zechenbrache hinter Zollverein holt sich die Natur mit Pflanzen und Biotopen und Tieren zurück, was sich der Mensch einst für den Bau seiner Zweckarchitektur von ihr entliehen hat.

Der Treffpunkt

Am 23. Dezember 1986 nahmen die 1100 Beschäftigten des einst größten deutschen Bergwerks Abschied: Die Ruhrkohle AG legte Zollverein still. Keine drei Jahre später begann die Umrüstung: Von der Vorzeigezeche des Reviers zum Treffpunkt der Künste, vom Arbeitsplatz zum Zentrum der (gehobenen) Unterhaltung im Essener Nordosten.

Und nun ist hier auch der Sitz der „Reisen ins Revier GmbH", die die Bemühungen um Städtereisen in die einstige „Kohlenpott-Landschaft" bündeln und intensivieren soll: Erlebnisreisen zu Kulturtreffpunkten und Industriedenkmälern – Zollverein ist „der" prädestinierte Mittelpunkt dafür. Das „magische Zentrum des Ruhrgebiets" nennt IBA-Chef Karl Ganser denn auch Zollverein.

Abreißen oder Bewahren – für die Kenner der Bergbaugeschichte gab es in Sachen Zollverein nur die Entscheidung: Bewahren. Und das einmalige Gebäudeensemble von historischem Wert neu nutzen. Walter Buschmann vom Rheinischen Amt für Denkmalpflege gab die Initialzündung; NRW-Städtebauminister Christoph Zöpel stellte die Weichen für den Ankauf des Geländes mit allen Gebäuden durch die Landesentwicklungsgesellschaft (LEG). 1989 folgte die Gründung der „Bauhütte Zeche Zollverein Schacht XII GmbH". Gesellschafter sind die LEG und die Stadt Essen zu gleichen Teilen. Bis zum Herbst 1994 waren bereits sechs Hallen und die Heizzentrale restauriert.

Beim alljährlichen „Tag der offenen Tür kann die Ausstellungshalle 5 auch schon mal zum Fitneß-Parcour werden.

Neue Nutzung: Räume der „Ausstellunggesellschaft für zeitgenössische Kunst".

Den Hauptanteil des Umbaus leisteten 160 Langzeitarbeitslose in der eigens für den Zollverein-Umbau gegründeten Essener Arbeit Beschäftigungs-Gesellschaft (EABG). Aber auch mancher Bergmann, der in Frühpension geschickt wurde, fand auf „seinem" alten Pütt eine neue Aufgabe. Heute ist die weitere Gestaltung nicht ohne erfahrene Architekten, Baufachleute und Denkmalpfleger durchzuführen. Eingebunden ist das Projekt Zollverein in die Internationale Bauausstellung Emscherpark. Deren Chef Karl Ganser setzt sich intensiv dafür ein, das gesamte

Zollverein-Ensemble mit (stillgelegter) Kokerei und Zechensiedlung von der UNESCO als Welt-Kulturerbe anerkennen zu lassen. Eine Stiftung wird das Generalmanagement für das Land NRW und die Zollverein-Mieter übernehmen.

Die Wandlung vom Pütt zum Welt-Kulturerbe hat nicht einmal zehn Jahre gedauert. Und wenn ehemalige Bergleute an die 20 000 Besucher im Jahr durch „ihre“ Zeche führen, klingt der Stolz an: Das haben wir daraus gemacht! Nicht wenige der Besucher kommen aus den Nachbarländern, aus Frankreich vor allem. Zollverein ist – wie einst für die Bergbautechniker – wieder zum Besuchermagneten geworden. Der besondere Reiz liegt im strikt durchgehaltenen Konzept: Das Alte bewahren und mit neuem Leben erfüllen.

Besonders deutlich wird dies im noch nicht vollendeten Museums-Pfad. In der Wipperhalle (hier wurden die Förderwagen entleert), dem Wagenumlauf, der Kohlenwäsche, dem Bergebunker und im Turm zwischen den Brücken, die diesen Bunker mit dem Wagenumlauf verbinden, ist der Weg der „Schwarzen Diamanten“ vom Schacht zur Aufbereitung auch künftig nachvollziehbar. Der Besucher begegnet der Kohle auf allen Stationen, er erfährt Sinn und Arbeitsweise der Maschinen, er folgt den oft mehr als 100 Meter langen Transportbändern, die das Gebäude diagonal durchfahren: Ein Erkundungsgang durch das Innere eines gigantischen Motors, von Originalschauplatz zu Originalschauplatz. Zusätzliche Texttafeln erübrigen sich; Overheadprojektoren verdeut-

Die neue Heizzentrale.

lichen technische Zusammenhänge, die nicht „live“ sichtbar werden. Kurze Filmsequenzen, ein Schachtmodell und die Geräusche der Arbeit unter Tage, über Lautsprecher eingespielt, lassen den Rhythmus der Zeche wie vor Ort unter Tage nachempfinden. Zusätzliche Ausstellungsstücke sind nicht erforderlich: Zollverein ist selbst Ausstellung und Museum zugleich. Und Ausgangspunkt für den geplanten Industriepark Ruhrgebiet; vom neuen Bahnhof für die Rundfahrt-Züge gleich nebenan haben bereits ungezählte Gäste die Fahrt mit Dampflok und Salonwagen durch die heute neu genutzten einstigen Industrie-Hinterhöfe des Reviers genossen.

Mehr als 90 Millionen DM hat das Gesamtprojekt Zollverein bisher gekostet; 60 Millionen bewilligte die Europäische Gemeinschaft in Brüssel. Das Land Nordrhein-Westfalen beteiligt sich mit insgesamt 36 Millionen DM und sichert damit den weiteren Ausbau; die Stadt Essen investiert 18,5 Millionen DM in das Zukunftsprojekt und ist sicher, daß sich diese Investition auszahlt. Der bisherige Besucherandrang und das Engagement international anerkannter Künstler, die Zollverein „beleben“, bestätigt, daß diese Rechnung aufgehen wird.

Zum Ort der Kunst wurde Zollverein 1992: Ulrich Rückriem inszenierte hier die erste Außenstelle der Kasseler documenta. Endgültig als Kunst- und Design-Hauptquartier etabliert sich Zollverein 1997: Das seit 1954 bestehende DesignZentrum NRW zog aus der Essener Innenstadt nach Katernberg um, in die ehemalige Druckluftzentrale, das

Die neuen Räume des Design Zentrum NRW in der „Kathedrale der Industriearchitektur", dem ehemaligen Kesselhaus, umgebaut von Norman Foster.

alte Kesselhaus der Zeche.

Stararchitekt Sir Norman Foster hat das Kesselhaus umgebaut. 3600 Quadratmeter Ausstellungsfläche entstanden, 400 Quadratmeter Bürofläche, ein Vortragssaal. Und die fünf Dampfkessel(hüllen) sind für die Besucher begehbar: Industrievergangenheit und Design von heute und morgen – Zollverein bietet weltweit Unvergleichliches, sagt Foster. Seine bevorzugten Materialien Stahl, Beton und Glas prägen bis in 34 Meter Höhe das Ensemble aus historischen Details und modernem Design mit.

Keine Rücksicht auf erhaltenswerte technische Einrichtungen brauchten die Planer bei der neuen Nutzung von Lesebandhalle und Wagenumlauf zu nehmen. Die Lesebänder, auf denen einst Fremdkörper von Hand aus der Kohle entfernt wurden, sind bereits 1968 ausgebaut worden.

Der Charakter des Gebäudes aber bleibt erhalten. An der teilweise verglasten Nordseite wird erkennbar, daß der Bau ursprünglich aufgeständert war, damit die Eisenbahn in die Halle fahren und dort beladen werden konnte. Heute sind hier das Bürgerbegegnungszentrum mit mehreren Versammlungsräumen zu Hause und die Kulturwerkstatt ARKA mit ihrem umfangreichen Kursangebot für die Bevölkerung im Essener Norden. Der Kohlenbahnhof beherbergt vier Ateliers für Designer, Mediengestalter, Fotografen, Bildhauer. Der fast quadratische, 1000 Quadratmeter große Raum der Lesebandhalle über der Gleisdurchfahrt wird von der Theater und Philharmo-

Zollverein, ein Ort ungewöhnlicher Ereignisse und Inszenierungen – Konzertaufführung in Ausstellungshalle 5.

nie Essen genutzt; die Veranstaltungen an Wochenenden gehören längst zum begehrten Stadtprogramm. Bühnengröße und -technik ermöglichen dem Ensemble des Aalto-Musiktheaters Proben in den Originalkulissen.

Auch als Treffpunkt für Kongresse hat sich die Lesebandhalle bereits bewährt. 320 Teilnehmer aus aller Welt diskutierten hier (1994) das Thema „Wandel für Menschen“ – und erkannten die neue Nutzung der ehemaligen Zechengebäude Zollverein als Anschauungsbeispiel für Strukturwandel an. Die internationale Tanzmesse

NRW unterstreicht die multifunktionale Verwendbarkeit der Halle.

Das Gebäude vor der Lesebandhalle dient ebenso wie die Schachthalle unter dem Fördergerüst noch dem lebenden Bergbau: Hier steht die Fördermaschine Nord, die das Wasser aus den Grubengebäuden zieht. Ohne diese aufwendige, aber lebensnotwendige Wasserhaltung würden die (noch in Betrieb befindlichen) tieferliegenden Grubenbaue der nördlich von Zollverein arbeitenden Bergwerke vom Grubenwasser überschwemmt.

Die ehemalige Zentralwerkstatt, vor der Fördermaschine gelegen, ist längst Ausstellungshaus für Künstler und Museen – ohne besondere Umbauarbeiten. Die großen Tore ermöglichen die direkte Einfahrt von Lkw, die wieder in Betrieb genommene Krananlage hebt Kisten und Skulpturen vom Wagen, hievt sie an jeden gewünschten Platz in der Halle. Im Nachbargebäude hat sich die private Ausstellungsgesellschaft für zeitgenössische Kunst Zollverein mbH eingerichtet. Auch dieses frühere Werkstattgebäude ist nun Galeriehaus mit „Kunstbetrieb“.

Den Werkstattgebäuden gegenüber, auf der anderen Seite der Grünanlage, ist das „Herz“ Zollvereins: Im Schalthaus, in dem einst fünf Bergleute die Stromversorgung des Riesenbergwerks überwachten, überwacht heute die Bauhütte den Fortgang der Arbeiten zur neuen Nutzung. Aus Transformatoren- und Schalträumen wurden acht Büros und ein großer Besprechungsraum: Arbeitsplatz für 25 Mitarbeiter. Archiv Zollverein, Dokumentation,

Eingangsbereich der Halle 6.

Büroräume mit sichtbarer Vergangenheit – ein Besprechungsraum im Schalthaus (Halle 2).

Geschichtswerkstatt haben hier ebenfalls Platz. Konferenzen, Seminare, Musikveranstaltungen – dafür bieten sich zwei große Räume in der Umformer- und in der Schalterhalle (mit Platz für 200 Personen) an. Und den Fundamentraum unter den Umformern nutzt ein privates Unternehmen für Gestaltung und Beratung.

Hinter den Bahngleisen neben der Fördermaschine Süd erhebt sich das größte Zollvereingebäude, die Kohlenwäsche: 30 mal 100 Meter mißt der Grundriß. Die Intentionen der Architekten Schupp und Kremmer sind hier gut ablesbar: Beton und Stahlskelettbauweise in bester Harmonie. Das Haus ruht auf dicken Betonsäulen, in quadratischem 6-m-

Raster auf dem Zechenbahnhof angeordnet; sie tragen den Bunker für die aufbereitete Kohle. In 17 m Höhe beginnen die maschinellen Einbauten auf den verschiedenen Bühnen (so heißen im Bergbau über Tage die Etagen). Bis zur 40-m-Bühne steckt das Gebäude voller Maschinen, systematisch und symmetrisch geordnet, wie es die Zollverein-Architekten wünschten.

Der Fachbereich 4 der Universität Gesamthochschule Essen, die ehemalige Folkwangschule für Gestaltung, will die alte Kohlenwäsche für ihre rund 1000 Studenten nutzen. Seminarräume, Büros, Werkstätten, Hörsaal haben Platz. Die unmittelbare Nachbarschaft zum DesignZentrum NRW und zu den Kunst- und Veranstaltungsangeboten auf Zollverein wird den Studierenden zugutekommen.

Im Kernbereich der Kohlenwäsche begegnet der Besucher dem Museumspfad wieder. Hier stehen noch alle Siebe, Bänder, Setzmaschinen der Aufbereitung. In den Setzmaschinen wurden Kohle und Berge (das Gestein) getrennt, 800 t in der Stunde, 12 000 t am Tag; die Kokskohle wurde zum verkaufsfähigen Produkt. Hier, an der einstigen Nahtstelle zwischen Kohle und Stahl, ist heute die Nahtstelle zwischen Kunst und Bürgerbegegnung.

Zwischen den Werkstattgebäuden und dem Kühlturm, der vom Folkwang Institut für Mediengestaltung genutzt wird, steht das Kompressorhaus Zollverein: Ein Treffpunkt besonderer Art, das Casino. Claus-Friedrich Dürscheidt, Mitgründer der „Zeche Bochum“, hat es eingerichtet. Platz für gut 300 Gäste bietet der Restau-

Faszinierende Theater-Aufführungen gehören schon zum regelmäßigen Veranstaltungsprogramm.

rant- und Kneipenbereich, der die Zechen-Ästhetik bewußt einbezieht. Die Stützpfeiler sind so „rauh“ geblieben, wie sie waren; die riesigen Kompressoren und Kessel stehen noch an ihrem angestammten Platz. Gelungenes Beispiel für kommunikationsfördernde Gestaltung von heute ist die Theke, eine weite Schleife. International erfahrene Küchenchefs bieten Bodenständiges und Auserlesenes.

Auch die Veranstaltungshalle im Obergeschoß (1200 Plätze) wird vom Casino betrieben. Jazz, Bigbands, Klassik, Begegnung mit Künstlern und Politikern – im ehemaligen Kompressor Zollverein verdichten sich vielfältige Nutzungsmöglichkeiten zu einem lebendigen Programm.

Die Liste der international renommierten Künstler und Architekten, die sich Zollverein verschrieben haben, ist lang. Die Erfolge der ersten Jahre belegen: Das Konzept stimmt. Altes erhalten und neu nutzen, Geschichte mit der Gegenwart verknüpfen, dem Revier der Bergleute und Malocher eine neue Zukunft eröffnen – Zollverein XII ist, darin sind sich alle einig, die mitmachen und die sich zum Mittun angesagt haben – „das“ Beispiel für Wille und Tat des Strukturwandels im Revier.

Vom Pütt zum Kultur-Treffpunkt – dieser Wandel animiert auch zur Nutzung benachbarter Gebäude-Ensembles aus der Frühzeit des Bergwerks. Auf Zollverein 1/2/8, dem ältesten Teil der Zeche, sind der Kunstschacht Katernberg e.V. und der Künstler Thomas Rother zu Hause, die gemeinsam viel beachtete Ausstellun-

Das Casino Zollverein: in der ehemaligen Kompressorenhalle läßt es sich heute in industrieromantischem Ambiente genußvoll speisen.

gen, Musikabende, Lesungen und andere kulturelle Veranstaltungen inszenieren bis hin zur traditionellen ökumenischen Barbarafeier, die nun alljährlich am Namenstag der Patronin der Bergleute im Kunstschacht (statt bisher alle zwei Jahre im Essener Münster, der Bischofskirche) stattfindet. Das ehemalige Magazingebäude nutzt die Berufsbildungsgesellschaft der RAG, den früheren Bauhof die Keramische Werkstatt Margaretenhöhe, ebenfalls eine RAG-Tochter. Im Waschkauengebäude übt das Ballett des Choreographischen Zentrums NRW. Eine ausgebaute Straße wird Zollverein 1/2/8 und Zollverein 12 noch besser erschließen und diese beiden Kulturzentren miteinander verbinden, nicht zuletzt über den neuen Bahnhof für Revierrundfahrten.

Auf der Zollverein-Schachtanlage 3/7/10 richtet sich der Bürger- und Handwerkerpark ein; federführend ist auch hier die LEG. Das „Triple Z – ZukunftsZentrum Zollverein“ – auf der Schachtanlage 4/11 versteht sich als Zentrum zur Förderung von Existenzgründungen. Der Essener Konsens, ein über das Land hinaus anerkanntes Netzwerk von Bildungseinrichtungen, Wirtschaft, Verwaltung, Politik ist der Träger. Die (denkmalgeschützten) Gebäudeteile der Zollverein-Anlagen und der Baumbestand werden in die noch nicht abgeschlossene Umsetzung des Nutzungskonzepts einbezogen. Auf dem Gelände der Schachtanlage 6/9 – die Betriebsgebäude sind längst abgerissen – sollen neue Wohnungen entstehen.

Die noch stehenden Batterien der Kokerei Zollverein sollen, das ist Plan der Landesregierung NRW, der Welt größtes Sonnenkraftwerk aufnehmen. Ein Wohn- und Gewerbepark gehört zum Gesamtensemble.

Zollverein, das erste große Verbund-Bergwerk Europas, bleibt also seiner ursprünglichen Konzeption treu: Der Verbund unterschiedlichster Aktivitäten – allerdings nicht mehr auf der Basis Kohle. Zollverein – ein Musterstück Vergangenheitsbewältigung und Zukunftsplanung im Ruhrrevier.

Treffpunkt Zollverein: Als Veranstaltungsort gewinnt das ehemalige Musterbergwerk zunehmend an Bedeutung.

Anfahrtsweg

Straßenbahnlinie 107 (Verkehrsverbund Rhein-Ruhr, VRR) ab Bredeney über Hauptbahnhof Richtung Katernberg; Straßenbahn 127 ab Bredeney über Hauptbahnhof Richtung Gelsenkirchen; Straßenbahn 127 ab Gelsenkirchen über Katernberg, Richtung Hauptbahnhof–Bredeney. Haltestelle: Zollverein.

Besichtigung und Führung:

Jeden Samstag und Sonntag, 14 Uhr, Treffpunkt am Pförtnerhaus (gegenüber der Straßenbahnhaltestelle Zollverein). Die erhaltenen technischen Einrichtungen des Bergwerks, der Museumspfad und die vor allem von städtischen Institutionen genutzten Gebäude werden besichtigt. Sachkundige Führer erläutern die Anlagen und die Technik sowie die Geschichte. Anmeldungen: Bauhütte Zollverein, Telefon (0201) 301050. Gruppen nach Vereinbarung.

Bildnachweis:

Thomas Brenner (1), Susanne Brügger (14), Harald Fronzeck (Titel), Peter Happel (1), Peter Liedtke (1), Corneel Voigt (2), Zollverein Archiv (7)